RUPESH KUMAR TIPU

Otimização de redes neuronais com Python

AF535989

RUPESH KUMAR TIPU

Otimização de redes neuronais com Python

ScienciaScripts

Imprint
Any brand names and product names mentioned in this book are subject to trademark, brand or patent protection and are trademarks or registered trademarks of their respective holders. The use of brand names, product names, common names, trade names, product descriptions etc. even without a particular marking in this work is in no way to be construed to mean that such names may be regarded as unrestricted in respect of trademark and brand protection legislation and could thus be used by anyone.

Cover image: www.ingimage.com

This book is a translation from the original published under ISBN 978-620-7-47470-7.

Publisher:
Sciencia Scripts
is a trademark of
Dodo Books Indian Ocean Ltd. and OmniScriptum S.R.L publishing group

120 High Road, East Finchley, London, N2 9ED, United Kingdom
Str. Armeneasca 28/1, office 1, Chisinau MD-2012, Republic of Moldova, Europe
Printed at: see last page
ISBN: 978-620-7-77471-5

Copyright © RUPESH KUMAR TIPU
Copyright © 2024 Dodo Books Indian Ocean Ltd. and OmniScriptum S.R.L publishing group

Otimização de redes neuronais com Python

A

Livro

Por

Rupesh Kumar Tipu

Escola de Engenharia e Tecnologia

K. R. Mangalam University

Gurugram, Haryana, Índia

Conteúdo

PREFÁCIO

Bem-vindo ao "Optimizing Neural Networks with Python", um livro criado para aqueles que são fascinados pelo potencial das redes neurais para transformar dados brutos em decisões perspicazes. Este livro é uma viagem pelo intrincado mundo das redes neurais, visto através da versátil e poderosa lente da programação Python.

O advento das redes neurais revolucionou o panorama da inteligência artificial, oferecendo capacidades sem precedentes no reconhecimento de padrões, na realização de previsões e na automatização de processos de tomada de decisões. O Python, com a sua simplicidade e um vasto conjunto de bibliotecas, é o canal ideal para aproveitar este poder, fornecendo um conjunto de ferramentas acessível mas profundo, tanto para principiantes como para profissionais experientes nesta área.

Este livro tem como objetivo colmatar a lacuna entre o conhecimento teórico e a aplicação prática, guiando-o através do processo diferenciado de construção, afinação e implementação de redes neurais. Quer seja um cientista de dados, um engenheiro de aprendizagem automática ou simplesmente alguém com um grande interesse em IA, este livro foi concebido para o equipar com as competências necessárias para tirar partido do Python para desenvolver modelos sofisticados de redes neuronais.

Começamos por lançar as pedras basilares das redes neuronais, elucidando os seus princípios fundamentais e o papel fundamental que desempenham na extração de padrões e conhecimentos dos dados. Esta base não só desmistificará as operações por detrás das redes neuronais, como também esclarecerá as razões pelas quais são tão eficazes numa miríade de aplicações.

Avançando, o livro aprofunda os aspectos práticos da implementação de redes neurais em Python. Através de exemplos práticos, explicações claras e exercícios de codificação abrangentes, obterá uma compreensão firme de como utilizar bibliotecas como TensorFlow e PyTorch, não apenas como ferramentas, mas como portas de entrada para realizar todo o potencial da modelação de redes neurais.

A otimização é um tema central em todo o livro. Explorará várias técnicas e metodologias para afinar os seus modelos de redes neuronais, melhorando a sua eficiência, precisão e fiabilidade na tomada de decisões. Esta exploração inclui a compreensão de sobreajuste, subajuste, ajuste de hiperparâmetros e as nuances de diferentes algoritmos de otimização que garantem que os seus modelos não só aprendem eficazmente, mas também generalizam bem para dados novos e não vistos.

O ponto culminante desta viagem é a aplicação de redes neuronais em cenários do mundo real - desde o reconhecimento de imagens e o processamento de linguagem natural até tarefas mais complexas de tomada de decisões. Estes estudos de caso foram concebidos para lhe dar uma perspetiva clara de como os modelos de redes neuronais podem ser utilizados eficazmente para resolver problemas práticos e tomar decisões com impacto.

"Dos dados às decisões" é mais do que apenas um título; ele resume a essência deste livro. Trata-se de o capacitar com o conhecimento e as ferramentas para transformar dados - com todo o seu ruído, complexidade e riqueza - em decisões claras e accionáveis utilizando o poder das redes neuronais e Python.

Obrigado por escolher este livro como seu guia. Juntos, vamos embarcar nesta emocionante viagem, desvendando as complexidades das redes neuronais e desbloqueando novas possibilidades no domínio da inteligência artificial.

CHAPTER 1:

O panorama da aprendizagem automática

1.1 Visão geral da aprendizagem automática

A aprendizagem automática (ML) é um ramo fundamental da inteligência artificial que se centra na utilização de dados e algoritmos para imitar a forma como os seres humanos aprendem, melhorando gradualmente a sua precisão. Envolve a criação de modelos que podem processar e analisar grandes quantidades de dados para fazer previsões ou tomar decisões sem serem explicitamente programados para realizar a tarefa. A essência da aprendizagem automática reside na sua capacidade de descobrir padrões nos dados e transformar essas informações em conhecimento acionável.

1.2 Categorias de algoritmos de aprendizagem automática

Os algoritmos de aprendizagem automática são classificados em três categorias principais, cada uma com a sua abordagem e domínio de aplicação únicos:

- **Aprendizagem supervisionada**: Este paradigma envolve a aprendizagem de uma função que mapeia uma entrada para uma saída com base em exemplos de pares de entrada-saída. Infere um modelo preditivo a partir de dados de treino rotulados, englobando algoritmos como regressão linear, regressão logística, máquinas de vectores de suporte e redes neuronais.
- **Aprendizagem não supervisionada**: Ao contrário da aprendizagem supervisionada, a aprendizagem não supervisionada lida com dados de entrada sem respostas rotuladas. O sistema tenta aprender os padrões e a estrutura dos dados sem referência a resultados conhecidos ou rotulados, utilizando abordagens como o agrupamento, a redução da dimensionalidade e as regras de associação.
- **Aprendizagem por reforço**: Este tipo de aprendizagem compreende quais as acções a tomar numa situação para

maximizar uma recompensa através de uma abordagem de tentativa e erro. É utilizado principalmente em vários domínios, como os jogos, a robótica e a navegação, em que o algoritmo aprende a reagir a um ambiente por si próprio.

1.3 O papel do Python na aprendizagem automática

O Python emergiu como líder no mundo da aprendizagem automática devido à sua simplicidade e às suas poderosas bibliotecas. Oferece uma sintaxe intuitiva, um vasto apoio da comunidade e uma vasta gama de estruturas e bibliotecas, como NumPy, Pandas, Scikit-learn, TensorFlow e PyTorch, o que a torna uma linguagem de programação ideal tanto para principiantes como para profissionais no domínio da aprendizagem automática. A flexibilidade da linguagem permite que os programadores realizem processos de análise de dados de ponta a ponta de forma simples e eficiente, desde a recolha de dados e o pré-processamento até à construção e avaliação de modelos.

1.4 Configurar o ambiente de aprendizagem automática

A configuração de um ambiente de aprendizagem automática envolve a instalação de Python, bibliotecas de ML relevantes e ferramentas que facilitam a análise de dados e o desenvolvimento de modelos. Aqui está um guia básico para configurar um ambiente de ML Python:

1. **Instalar o Python**: Descarregue e instale a versão mais recente do Python a partir do site oficial do Python. Certifique-se de que adiciona o Python ao caminho do seu sistema.
2. **Instalar o pip**: pip é o instalador de pacotes do Python. Ele vem pré-instalado com as versões do Python lançadas após 2014.
3. **Criar um Ambiente Virtual** (Opcional mas recomendado): Um ambiente virtual é um diretório autónomo que contém uma instalação Python para uma versão particular do Python, mais um número de pacotes adicionais.

```
python -m venv meu_projecto_ml
```

Ativar o ambiente virtual:

- No Windows: `my_ml_project¥Scripts¥activate`
- Em Unix ou MacOS: `source my_ml_project/bin/activate`

4. **Instalar as bibliotecas necessárias**: Utilize o pip para instalar as bibliotecas Python normalmente utilizadas para a aprendizagem automática:

```
pip install numpy pandas scipy matplotlib scikit-learn jupyter
```

Opcionalmente, instale as bibliotecas de aprendizagem profunda de acordo com os seus requisitos:

```
pip install tensorflow

pip install torch torchvision torchaudio
```

5. **Iniciar o Jupyter Notebook**: O Jupyter Notebook é uma aplicação Web de código aberto que permite criar e partilhar documentos que contêm código em tempo real, equações, visualizações e texto narrativo.

```
notebook jupyter
```

Esta configuração fornece um ambiente robusto adaptado a projectos de aprendizagem automática, permitindo-lhe explorar dados, criar modelos e experimentar algoritmos de forma eficaz utilizando Python.

2.1 A importância dos dados na aprendizagem automática

Os dados são fundamentalmente a pedra angular da aprendizagem automática. A qualidade e a quantidade de dados que alimenta os modelos são diretamente proporcionais à precisão e fiabilidade dos resultados. Os modelos eficazes de aprendizagem automática requerem conjuntos de dados bem estruturados, abrangentes e limpos para aprender padrões, fazer previsões ou gerar conhecimentos. Dados inadequados ou de baixa qualidade podem levar a modelos imprecisos, o que pode resultar em conclusões enganosas ou previsões incorrectas.

2.2 Bibliotecas Python para tratamento de dados (Pandas, NumPy)

Python oferece bibliotecas robustas para manipulação e tratamento de dados, nomeadamente Pandas e NumPy, que são ferramentas essenciais para a manipulação de dados em fluxos de trabalho de aprendizagem automática.

- **Pandas**: Fornece estruturas de dados de alto nível e funções concebidas para tornar a análise de dados rápida e fácil em Python. A sua estrutura de dados principal, DataFrame, permite-lhe armazenar e manipular dados tabulares em linhas de observações e colunas de variáveis.

```
importar pandas como pd


# Ler um ficheiro CSV para um DataFrame do Pandas

df = pd.read_csv('data.csv')
```

- **NumPy**: Pacote fundamental para computação científica com Python, fornecendo suporte para matrizes e arrays grandes e multidimensionais, juntamente com uma coleção de funções matemáticas para operar nestes arrays.

```
importar numpy as np


# Criar uma matriz NumPy

arr = np.array([1, 2, 3, 4, 5])
```

2.3 Limpeza e pré-processamento de dados

Os dados raramente vêm numa forma limpa e o pré-processamento é um passo crucial para preparar dados em bruto para modelos de aprendizagem automática. Este passo inclui o tratamento de valores em falta, a normalização de dados, a codificação de variáveis categóricas e a divisão do conjunto de dados.

- **Tratamento de valores em falta**:

```
# Preenchimento dos valores em falta com a média da coluna

df.fillna(df.mean(), inplace=True)
```

- **Codificação de variáveis categóricas**:

```
# Conversão de variáveis categóricas em variáveis
dummy/indicadoras

df = pd.get_dummies(df, columns=['category_column'])
```

- **Normalização de dados**:

```
de sklearn.preprocessing import MinMaxScaler


scaler = MinMaxScaler()

df[['coluna_numérica']] =
scaler.fit_transform(df[['coluna_numérica']])
```

- **Dividir o conjunto de dados**:

```
from sklearn.model_selection import train_test_split


X_treino, X_teste, y_treino, y_teste =
train_test_split(df.drop('target', axis=1), df['target'],
test_size=0.2, random_state=42)
```

2.4 Análise e visualização exploratória de dados

A Análise Exploratória de Dados (EDA) é uma abordagem para resumir as principais características dos conjuntos de dados, visualizando-os frequentemente de várias formas para descobrir padrões, relações ou anomalias subjacentes. Python fornece várias bibliotecas para EDA e visualização, nomeadamente Matplotlib e Seaborn.

- **Matplotlib**:

```
importar matplotlib.pyplot as plt


# Traçar um histograma

df['coluna_numérica'].hist(bins=50)
```

```
plt.show()
```

- **Seaborn**:

```
importar seaborn as sns


# Criar um boxplot

sns.boxplot(x='categorical_column', y='numerical_column',
data=df)

plt.show()
```

O tratamento de dados é um processo iterativo e essencial para garantir que o modelo de aprendizagem automática desenvolvido é preciso, eficiente e fiável. Com o conjunto abrangente de bibliotecas e ferramentas Python, os cientistas de dados podem transformar conjuntos de dados brutos em informações significativas, abrindo caminho para a tomada de decisões informadas e modelos preditivos robustos.

CHAPTER 3: Fundamentos das redes neurais

3.1 Introdução às redes neuronais

As redes neuronais são um subconjunto da aprendizagem automática e constituem o núcleo dos algoritmos de aprendizagem profunda. O seu nome e estrutura são inspirados no cérebro humano, imitando a forma como os neurónios biológicos enviam sinais uns aos outros. As redes neuronais são constituídas por camadas de nós interligados, em que cada nó representa um neurónio e as ligações representam sinapses. Estas redes podem aprender a executar tarefas tendo em conta exemplos, geralmente sem serem programadas com regras específicas para cada tarefa.

3.2 Compreender as camadas, os neurónios e as funções de ativação

- **Camadas**: Uma rede neural típica é constituída por uma camada de entrada, camadas ocultas e uma camada de saída. A camada de entrada recebe os dados de entrada, as camadas ocultas processam os dados através de ligações ponderadas e a camada de saída produz a previsão ou classificação.
- **Neurónios**: Cada nó ou neurónio de uma camada está ligado a vários outros neurónios nas camadas anterior e seguinte. Estes neurónios recebem dados de entrada, processam os dados e transmitem o seu resultado à camada seguinte.
- **Funções de ativação**: As funções de ativação determinam a saída dos nós da rede neuronal com base nas entradas da camada anterior. Elas introduzem propriedades não-lineares na rede, permitindo que ela aprenda padrões de dados complexos. As funções de ativação comuns incluem ReLU (Unidade Linear Rectificada), Sigmoide e Tanh.

3.3 Implementando redes neurais simples em Python

Usando bibliotecas como TensorFlow ou PyTorch, é possível implementar facilmente redes neurais. Aqui está um exemplo básico usando o TensorFlow para criar uma rede neural simples:

```
importar tensorflow as tf

# Definir um modelo sequencial
modelo = tf.keras.Sequential()

# Adicionar uma camada densamente conectada com 64 unidades e ativação ReLU
model.add(tf.keras.layers.Dense(64, activation='relu', input_shape=(784,)))

# Adicionar outra camada densa com 10 unidades e ativação softmax
model.add(tf.keras.layers.Dense(10, activation='softmax'))

# Compilar o modelo
model.compile(optimizador='adam',
              perda='categorical_crossentropy',
              metrics=['accuracy'])
```

Este trecho de código cria uma rede neural com uma camada oculta de 64 neurónios e uma camada de saída de 10 neurónios, adequada para uma tarefa de classificação com 10 classes.

3.4 Funções de perda e optimizadores

- **Funções de perda**: Uma função de perda mede a conformidade das previsões da rede neural com os rótulos de dados reais. É um método de avaliação da forma como o algoritmo modela os dados. As funções de perda comuns incluem o erro quadrático médio para tarefas de regressão e a entropia cruzada para tarefas de classificação, conforme mostrado na **Figura 3- 1**.
- **Optimizadores**: Os optimizadores são algoritmos ou métodos utilizados para alterar os atributos da rede neural, como os pesos e a taxa de aprendizagem, para reduzir as perdas. Os optimizadores visam minimizar a função de perda. Os optimizadores mais conhecidos são o SGD (Stochastic Gradient Descent), o Adam e o RMSprop.

Implementação de um circuito de formação simples:

```
importar numpy as np


# Dados de treino fictícios

dados_treino = np.random.random((1000, 784))

rótulos_treino = np.random.random((1000, 10))


# Treinar o modelo

model.fit(dados_treino, rótulos_treino, épocas=10,
tamanho_de_batelada=32)
```

Este exemplo básico mostra como ajustar ou treinar a rede neural com seus dados de treinamento e rótulos, iterando sobre os dados em lotes de 32 amostras para 10 épocas.

As redes neuronais são ferramentas poderosas capazes de captar padrões complexos nos dados. Ao compreender e implementar estes fundamentos, pode começar a explorar o vasto potencial das redes neuronais em várias aplicações, desde o reconhecimento de imagem e de voz ao processamento de linguagem natural e muito mais.

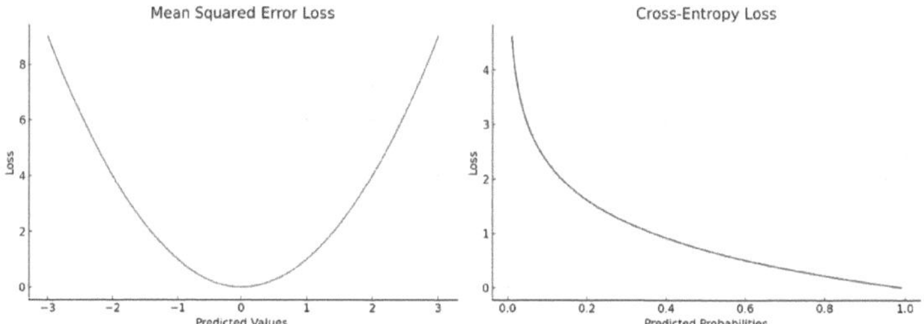

Figura 3- 1 . As funções de perda comuns utilizadas nas redes neuronais

CHAPTER 4: Mergulhar profundamente na aprendizagem profunda

4.1 Aprofundamento de redes neurais

O aprofundamento das redes neuronais refere-se ao processo de aumentar a complexidade e a profundidade das arquitecturas das redes neuronais. Uma rede neuronal "profunda" tem normalmente várias camadas ocultas, cada uma contendo um número significativo de neurónios. Estas camadas permitem que a rede aprenda representações hierárquicas dos dados de entrada, captando características a vários níveis de abstração.

Conceitos-chave:

- **Estrutura em camadas:** As redes neuronais profundas são compostas por camadas sucessivas que efectuam diferentes transformações nas suas entradas. Cada camada aprende a transformar os seus dados de entrada numa representação ligeiramente mais abstrata e composta.
- **Funções de ativação:** Elas introduzem não-linearidades na rede, permitindo que ela aprenda padrões complexos. As funções de ativação comuns incluem ReLU (Unidade Linear Rectificada), Sigmoide e Tanh.
- **Retropropagação e Gradiente Descendente:** A retropropagação é usada para calcular o gradiente da função de perda em relação a cada peso pela regra da cadeia, propagando eficientemente o erro pela rede. A descida gradiente usa essas informações para ajustar os pesos e minimizar a perda.
- **Overfitting e Regularização:** As redes profundas são propensas a sobreajuste, onde memorizam os dados de treinamento em vez de aprender a generalizar a partir deles. Técnicas como dropout, regularização L2 e parada antecipada são empregadas para evitar isso.

4.1.1 *Desafios e soluções:*

- **Gradientes que desaparecem/explodem:** Isso ocorre quando os gradientes se tornam muito pequenos ou muito grandes, respetivamente, e prejudicam a capacidade de aprendizado da rede. Técnicas como inicialização cuidadosa, normalização de lote e conexões de salto (como na ResNet) ajudam a mitigar esses problemas.

- **Intensivo em termos de computação:** As redes profundas requerem recursos computacionais substanciais. Estratégias de otimização, hardware eficiente (como GPUs) e computação paralela são cruciais para treinar grandes redes.

4.2 Redes Neuronais Convolucionais (CNNs)

As CNN são redes neurais profundas especializadas no processamento de dados com uma topologia semelhante a uma grelha, como as imagens. São particularmente eficazes na captura de dependências espaciais e temporais nos dados através da aplicação de filtros relevantes.

Componentes principais:

- **Camadas convolucionais:** Estas camadas aplicam uma série de filtros à entrada. Cada filtro capta características específicas como arestas, cores ou padrões mais complexos em camadas superiores.
- **Camadas de pooling:** Normalmente, a seguir às camadas convolucionais, o agrupamento (normalmente o agrupamento máximo) reduz as dimensões espaciais (largura e altura) da entrada, o que reduz o número de parâmetros e de cálculos na rede e ajuda a obter a invariância translacional.
- **Camadas totalmente conectadas:** Após várias camadas convolucionais e de pooling, o raciocínio de alto nível na rede neuronal é efectuado através de camadas totalmente ligadas, que produzem os resultados finais da classificação.

Aplicações:

- Utilizados extensivamente no reconhecimento de imagens, deteção de objectos, reconhecimento facial e muito mais. Têm sido fundamentais no avanço das tarefas de visão computacional para níveis de precisão quase humanos.

4.3 Redes Neuronais Recorrentes (RNNs) e LSTM

As RNNs são uma classe de redes neurais eficazes no processamento de dados seqüenciais, o que as torna ideais para aplicações em processamento de linguagem natural, análise de séries temporais e muito mais. Têm a caraterística única de reter a memória de entradas anteriores através da manutenção de estados internos.

Desafios com RNNs básicas:

- **Desaparecimento e explosão de gradientes:** Devido à natureza recorrente, os gradientes podem desaparecer ou explodir, tornando o treino difícil para sequências longas.

Unidades de memória de curto prazo longa (LSTM):

- Os LSTMs são uma melhoria dos RNNs tradicionais, concebidos para recordar as dependências a longo prazo e ultrapassar o problema do gradiente decrescente. Incluem mecanismos denominados "gates" que regulam o fluxo de informação para dentro e para fora da célula, mantendo o estado da célula durante longas sequências.

4.4 Aplicações práticas das redes profundas

As redes neuronais profundas têm sido revolucionárias em vários domínios, transformando a investigação teórica em aplicações práticas com um impacto significativo.

As principais aplicações incluem:

- **Reconhecimento de imagem e de fala:** Utilização de CNNs para análise de imagem e vídeo, e de RNNs ou LSTMs para aplicações de fala para texto.
- **Processamento de linguagem natural:** Utilização de RNNs, LSTMs e, mais recentemente, modelos Transformer para tradução, análise de sentimentos e chatbots.
- **Veículos autónomos:** Implementação da aprendizagem profunda para deteção de objectos, prevenção de colisões e tomada de decisões em veículos autónomos.

- **Cuidados de saúde:** Melhorar a precisão do diagnóstico, prever os resultados dos doentes e personalizar os planos de tratamento dos doentes através da análise de imagens médicas e de dados de registos de saúde electrónicos.

A aprendizagem profunda continua a estar na vanguarda da investigação em IA, impulsionando a inovação em vários domínios e indústrias, demonstrando o profundo impacto destas arquitecturas avançadas de redes neuronais.

CHAPTER 5: Algoritmos de otimização para redes neuronais

5.1 Descida de gradiente e suas variantes

A Descida de Gradiente é a espinha dorsal do treinamento de redes neurais. É um algoritmo de otimização utilizado para minimizar a função de perda, ajustando gradualmente os pesos da rede utilizando o gradiente da função de perda em relação aos pesos.

Conceitos-chave:

- **Descida de gradiente em lote:** Calcula o gradiente utilizando todo o conjunto de dados. Este método é preciso mas pode ser muito lento e computacionalmente dispendioso, especialmente com grandes conjuntos de dados.
- **Descida de gradiente estocástica (SGD):** Actualiza os pesos utilizando o gradiente calculado a partir de apenas um ponto de dados. Embora mais rápido e capaz de escapar de mínimos locais melhor do que a versão em lote, ele introduz muita variação nas atualizações de peso, o que pode tornar a convergência caótica.
- **Descida de gradiente em mini-lote:** Estabelece um equilíbrio entre a descida de gradiente em lote e a descida de gradiente estocástica, utilizando um subconjunto do conjunto de dados para calcular o gradiente e atualizar os pesos. É a variante mais utilizada devido à sua eficiência e estabilidade.

Variantes com Momentum:

- **SGD com Momentum:** Acelera o SGD ao navegar ao longo da direção relevante e amortece as oscilações. Acumula um vetor de velocidade em direcções de redução persistente na função de perda, conduzindo a uma convergência mais rápida.
- **Gradiente acelerado de Nesterov (NAG):** Uma modificação do momentum tradicional, o NAG calcula o gradiente numa posição que está um passo à frente na direção do momentum, oferecendo um caminho de atualização mais preciso e reativo.

Visualização do Gradient Descent:

O gráfico acima ilustra a trajetória de descida do gradiente na superfície de perda da função $(x)=x^2$. Partindo de um ponto inicial (x = 4,5), o algoritmo move-se progressivamente em direção ao mínimo da função (ver **Figura 5- 1**). Cada ponto vermelho representa a posição do parâmetro x após cada iteração e a linha vermelha tracejada liga estes pontos, mostrando o caminho percorrido pela descida do gradiente. A taxa de aprendizagem controla o tamanho dos passos dados em direção ao mínimo, e observamos como o algoritmo converge para o vértice da parábola, que é o mínimo global, demonstrando a eficácia da descida do gradiente na navegação da superfície de perda para encontrar o mínimo.

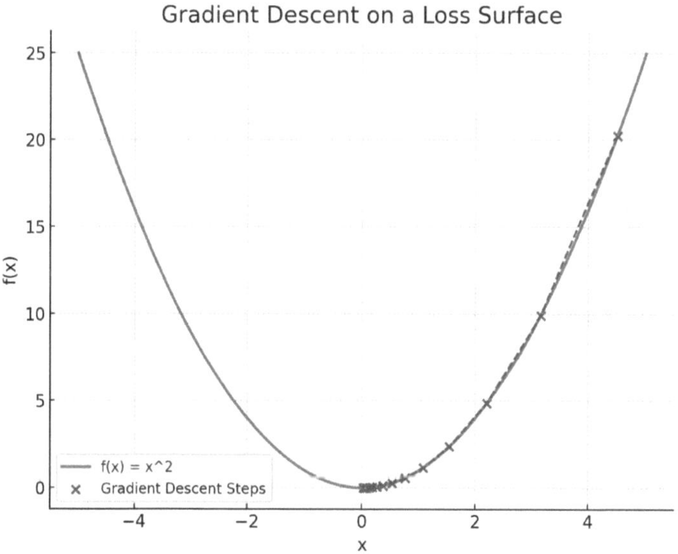

Figura 5- 1. A trajetória de descida do gradiente na superfície de perda da função

5.2 Optimizadores da taxa de aprendizagem adaptativa

Os optimizadores da taxa de aprendizagem adaptativa ajustam a taxa de aprendizagem durante a formação, o que pode levar a uma convergência mais rápida, dando passos maiores quando o declive da função de perda é mais acentuado e passos mais pequenos quando é mais plano.

Algoritmos populares:

- **Adagrad:** Ajusta a taxa de aprendizagem com base na frequência das actualizações dos parâmetros. Reduz a taxa de aprendizagem para os parâmetros que ocorrem frequentemente e aumenta-a para os que não são frequentes, tornando-a adequada para dados esparsos.
- **RMSprop:** Modifica o Adagrad para melhorar o seu desempenho na configuração não convexa, utilizando uma média móvel de gradientes quadrados para normalizar o próprio gradiente, atenuando as taxas de aprendizagem radicalmente decrescentes.
- **Adam (Adaptive Moment Estimation):** Combina ideias do RMSprop e SGD com o momento. Mantém uma média exponencialmente decrescente de gradientes passados e gradientes ao quadrado, ajustando os pesos com uma estimativa corrigida de viés do primeiro e segundo momentos dos gradientes.

Eficácia dos optimizadores adaptativos:

Para esta demonstração, uma função quadrática simples $(x)=x^2$ como superfície de perda. Simularemos o processo de otimização para a descida de gradiente padrão e para Adam, partindo do mesmo ponto inicial, mas observando como cada optimizador navega na superfície de perda de forma diferente (ver **Figura 5- 2**).

Vou implementar as regras de descida do gradiente e de atualização do Adam e traçar as suas trajectórias na função $(x)=x^2$. Isso demonstrará visualmente a diferença no comportamento de convergência, destacando o potencial para uma convergência mais rápida com métodos adaptativos como o Adam. Vamos criar essa visualização.

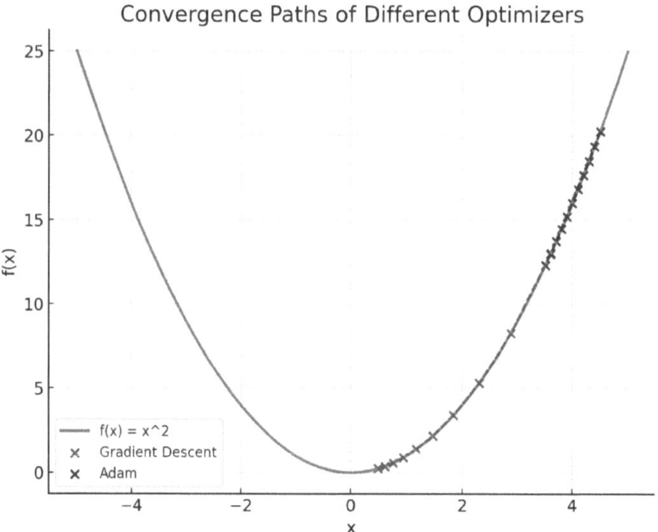

Figura 5- 2 . As trajectórias de convergência de dois optimizadores diferentes na superfície de perda

5.3 Técnicas de regularização para evitar o sobreajuste

O sobreajuste ocorre quando um modelo aprende demasiado bem os dados de treino, capturando o ruído juntamente com o padrão subjacente, o que resulta numa fraca generalização a novos dados. As técnicas de regularização adicionam informações ou restrições ao modelo para evitar o sobreajuste.

Técnicas comuns:

- **Regularização L2 (Decaimento de peso):** Adiciona um termo de penalização à função de perda proporcional ao quadrado da magnitude dos pesos. Incentiva os pesos a serem pequenos e ajuda a evitar o sobreajuste.
- **Regularização L1:** Semelhante à L2, mas o termo de penalização é proporcional ao valor absoluto dos pesos. Pode conduzir a modelos esparsos em que alguns pesos podem tornar-se exatamente zero, oferecendo uma propriedade de seleção de características.

- **Abandono:** Retira aleatoriamente unidades (juntamente com suas conexões) da rede neural durante o treinamento. Isto evita que as unidades se co-adaptem demasiado e força a rede a aprender características mais robustas que são úteis em conjunto com muitos subconjuntos aleatórios diferentes dos outros neurónios.

5.4 Estratégias avançadas de otimização na aprendizagem profunda

Para além dos optimizadores básicos, podem ser utilizadas várias estratégias avançadas para melhorar a formação de redes neuronais profundas.

Estratégias-chave:

- **Programação da taxa de aprendizagem:** Ajusta a taxa de aprendizagem ao longo do tempo, normalmente reduzindo-a de acordo com um cronograma pré-definido ou em resposta à mudança na perda. As estratégias mais comuns incluem o decaimento baseado no tempo, o decaimento por etapas e o decaimento exponencial.
- **Recorte de gradiente:** Limita os valores dos gradientes durante a retropropagação para evitar o problema de gradiente explosivo, especialmente em RNNs. Isso garante que os gradientes permaneçam dentro de faixas gerenciáveis.
- **Normalização de lote:** Normaliza as entradas de cada camada para que tenham média zero e variância unitária. Isso acelera o treinamento, permite taxas de aprendizado mais altas e reduz a sensibilidade à inicialização.
- **Paragem antecipada:** Monitoriza o desempenho do modelo num conjunto de validação e pára o treino quando o desempenho começa a degradar-se, o que implica um sobreajuste. É uma forma de regularização utilizada para evitar o sobreajuste, interrompendo o processo de treino quando o erro de validação começa a aumentar, mesmo que o erro de treino ainda esteja a diminuir.

5.4.1 *Estratégias avançadas de otimização:*

- **Aprendizagem por transferência:** Envolve a utilização de um modelo pré-treinado (normalmente num grande conjunto de dados de referência) e o seu aperfeiçoamento numa tarefa ou conjunto de dados específico. Esta abordagem aproveita as características aprendidas do modelo original, o que pode melhorar significativamente a eficiência da aprendizagem e a precisão da previsão na nova tarefa, especialmente quando os dados são limitados.
- **Métodos de conjunto:** Combinam as previsões de vários modelos para melhorar o desempenho geral. Técnicas como bagging, boosting e stacking são utilizadas para criar um conjunto de modelos que muitas vezes superam qualquer modelo individual, reduzindo a variância e o enviesamento, melhorando assim a generalização.
- **Otimização de hiperparâmetros:** Envolve a procura da arquitetura ideal do modelo e dos parâmetros que produzem o melhor desempenho. As técnicas variam desde a pesquisa em grelha e a pesquisa aleatória até métodos mais sofisticados como a otimização Bayesiana.

Percepções práticas:

- **Programação da taxa de aprendizagem:** Um gráfico que mostra a alteração da taxa de aprendizagem ao longo das épocas e o seu impacto na perda pode ilustrar como os ajustes estratégicos à taxa de aprendizagem podem levar a uma formação mais eficiente e a uma melhor convergência.
- **Recorte de gradiente:** A visualização dos valores de gradiente com e sem recorte pode demonstrar a eficácia desta técnica no controlo de gradientes explosivos em redes profundas, especialmente RNNs.
- **Impacto da normalização de lotes:** Os gráficos que comparam o progresso da formação (em termos de velocidade e estabilidade) com e sem a normalização de lotes podem realçar os seus benefícios, permitindo uma convergência mais rápida e taxas de aprendizagem mais elevadas.

- **Eficácia da paragem precoce:** Um gráfico que representa a perda de validação ao longo das épocas, destacando o ponto em que a paragem precoce intervém, pode mostrar eficazmente como esta técnica evita o sobreajuste, terminando a formação no momento certo.

Essas estratégias avançadas aumentam a robustez, a eficiência e o desempenho geral do treinamento da rede neural. Implementá-las cuidadosamente pode afetar significativamente a capacidade do modelo de aprender com os dados e generalizar bem para dados não vistos, o que é crucial para obter modelos de aprendizado profundo de alto desempenho.

6.1 Técnicas de afinação de hiperparâmetros

Os hiperparâmetros são definições de configuração utilizadas para controlar o processo de aprendizagem de um modelo de aprendizagem automática. O ajuste destes hiperparâmetros pode afetar significativamente o desempenho do modelo. Seguem-se algumas técnicas de afinação de hiperparâmetros:

- **Pesquisa em grelha**: A pesquisa em grelha envolve a definição de uma grelha de valores de hiperparâmetros e a pesquisa através da grelha para encontrar a combinação que produz o melhor desempenho do modelo.

```
de sklearn.model_selection import GridSearchCV

de sklearn.ensemble import RandomForestClassifier


param_grid = {

    'n_estimadores': [100, 200, 300],

    'max_depth': [None, 10, 20],

    'min_samples_split': [2, 5, 10],

}


grid_search = GridSearchCV(RandomForestClassifier(), param_grid, cv=5)

grid_search.fit(X_train, y_train)


melhores_parâmetros = pesquisa_de_grelha.melhores_parâmetros_
```

- **Pesquisa aleatória**: A pesquisa aleatória recolhe aleatoriamente amostras do espaço de hiperparâmetros, proporcionando uma alternativa mais eficiente à pesquisa em grelha, especialmente para espaços de parâmetros de elevada dimensão.

```
de sklearn.model_selection import RandomizedSearchCV

from scipy.stats import randint


param_dist = {

    'n_estimadores': randint(100, 1000),

    'max_depth': randint(1, 20),

    'min_samples_split': randint(2, 10),

}


random_search = RandomizedSearchCV(RandomForestClassifier(), param_dist, n_iter=100, cv=5)

random_search.fit(X_train, y_train)


melhores_parâmetros = pesquisa_aleatória.melhores_parâmetros_
```

6.2 Estratégias de validação de modelos

A validação de modelos é crucial para avaliar o desempenho e a capacidade de generalização dos modelos de aprendizagem automática. As estratégias de validação comuns incluem:

- **K-Fold Cross-Validation**: O conjunto de dados é dividido em K subconjuntos e o modelo é treinado K vezes, cada vez utilizando um subconjunto diferente como conjunto de validação e os restantes subconjuntos como conjunto de treino.

```
from sklearn.model_selection import cross_val_score


scores = cross_val_score(modelo, X, y, cv=5)
```

- **Divisão entre treino e validação**: O conjunto de dados é dividido num conjunto de treino e num conjunto de validação. O modelo é treinado no conjunto de treino e avaliado no conjunto de validação.

```
from sklearn.model_selection import train_test_split


X_treino, X_val, y_treino, y_val = train_test_split(X, y,
test_size=0.2)

model.fit(X_train, y_train)

val_score = model.score(X_val, y_val)
```

6.3 Ultrapassar as armadilhas comuns na formação de modelos

As armadilhas comuns na formação de modelos incluem sobreajuste, subajuste e fuga de dados. As técnicas para ultrapassar estes problemas incluem:

- **Regularização**: Adição de termos de penalização à função de perda para evitar o sobreajuste.
- **Engenharia de características**: Seleção e transformação de características para melhorar o desempenho do modelo.

- **Validação cruzada**: Validar corretamente os modelos para garantir o desempenho da generalização.

6.4 Utilização de modelos pré-treinados e aprendizagem por transferência

Os modelos pré-treinados são modelos que foram treinados em grandes conjuntos de dados para tarefas gerais, como a classificação de imagens ou o processamento de linguagem natural. A aprendizagem por transferência envolve a utilização destes modelos pré-treinados como ponto de partida para a formação numa tarefa ou conjunto de dados específicos. Isto pode reduzir significativamente o tempo de formação e melhorar o desempenho, especialmente quando se trabalha com dados limitados.

```
from tensorflow.keras.applications import VGG16


base_model = VGG16(weights='imagenet', include_top=False,
input_shape=(224, 224, 3))
```

Tirando partido de modelos pré-treinados como o VGG16 e afinando-os em conjuntos de dados específicos, pode obter um desempenho topo de gama com um esforço mínimo.

Melhorar o desempenho do modelo requer uma combinação de afinação cuidadosa de hiperparâmetros, estratégias de validação robustas, consideração cuidadosa de armadilhas comuns e aproveitamento de modelos pré-treinados quando apropriado. Ao implementar estas técnicas, pode maximizar a eficácia dos seus modelos de aprendizagem automática e obter resultados superiores.

CHAPTER 7: Arquitecturas e estruturas de redes neuronais

As redes neurais se tornaram a espinha dorsal de muitos aplicativos de aprendizado de máquina e aprendizado profundo, permitindo que os computadores executem tarefas com inteligência semelhante à humana. Neste capítulo, vamos explorar arquitecturas de redes neuronais populares, mergulhar profundamente nas estruturas TensorFlow e Keras, discutir as capacidades de otimização do PyTorch e orientá-lo na escolha da estrutura certa para as suas necessidades específicas.

7.1 Arquitecturas populares de redes neuronais

As arquitecturas de redes neuronais existem em várias formas e tamanhos, cada uma delas adaptada para resolver tipos específicos de problemas. Algumas arquitecturas populares incluem:

- **Redes neurais feedforward (FNN)**: A forma mais simples de redes neurais, em que a informação flui numa única direção, dos nós de entrada através dos nós ocultos para os nós de saída.
- **Redes Neuronais Convolucionais (CNN)**: Concebidas para tarefas de reconhecimento de imagem, as CNN utilizam camadas convolucionais para aprender automaticamente hierarquias espaciais de características.
- **Redes Neuronais Recorrentes (RNN)**: Particularmente úteis para dados sequenciais, como séries temporais ou processamento de linguagem natural, as RNNs têm ligações entre nós que formam ciclos direccionados.
- **Memória de curto prazo longa (LSTM)**: Uma extensão das RNNs, as LSTMs são capazes de aprender dependências de longo prazo em dados sequenciais, o que as torna adequadas para tarefas como o reconhecimento de voz e a tradução de línguas.
- **Redes Adversariais Generativas (GAN)**: Constituídas por duas redes neuronais, um gerador e um discriminador, as GAN

podem gerar novas instâncias de dados que se assemelham aos dados de treino.

7.2 Mergulho profundo no TensorFlow e no Keras

O TensorFlow é uma estrutura de aprendizagem profunda de código aberto desenvolvida pelo Google Brain. Fornece uma arquitetura flexível para implementar a computação em várias plataformas, incluindo CPUs, GPUs, TPUs e dispositivos móveis. Keras é uma API de redes neurais de alto nível, originalmente desenvolvida como parte do projeto TensorFlow, mas agora disponível como uma biblioteca autónoma. O Keras fornece uma interface simples e intuitiva para construir e treinar redes neurais.

Vamos analisar melhor o TensorFlow e o Keras com um exemplo simples:

```
importar tensorflow as tf

from tensorflow import keras


# Definir um modelo sequencial utilizando Keras

modelo = keras.Sequential([

    keras.layers.Flatten(input_shape=(28, 28)),

    keras.layers.Dense(128, ativação='relu'),

    keras.layers.Dropout(0.2),

    keras.layers.Dense(10, ativação='softmax')

])


# Compilar o modelo

model.compile(optimizador='adam',
```

```
        perda='sparse_categorical_crossentropy',
        metrics=['accuracy'])

# Treinar o modelo
model.fit(x_treino, y_treino, epochs=5)
```

Neste exemplo, definimos uma rede neural feedforward simples utilizando o Keras, compilamo-la com o optimizador Adam e a função de perda de entropia cruzada categórica esparsa, e treinamo-la no conjunto de dados MNIST para 5 épocas.

7.3 PyTorch para otimização de redes neuronais

O PyTorch é outra estrutura popular de aprendizagem profunda, desenvolvida pelo laboratório de investigação de IA do Facebook. Fornece gráficos computacionais dinâmicos e uma arquitetura flexível que facilita a experimentação de modelos de redes neurais. O PyTorch oferece uma vasta gama de técnicas de otimização, incluindo diferenciação automática, aceleração de GPU e formação distribuída.

Aqui está um breve exemplo de utilização do PyTorch para treinar uma rede neural simples

```
tocha de importação
import torch.nn as nn
importar torch.optim como optim

# Definir uma arquitetura de rede neural simples
classe Net(nn.Module):
```

```
    def __init__(self):
        super(Net, self).__init__()
        self.fc1 = nn.Linear(784, 128)
        self.fc2 = nn.Linear(128, 10)

    def forward(self, x):
        x = torch.flatten(x, 1)
        x = torch.relu(self.fc1(x))
        x = self.fc2(x)
        retorno x

# Instanciar o modelo
modelo = Net()

# Definir a função de perda e o optimizador
critério = nn.CrossEntropyLoss()
optimizador = optim.SGD(model.parameters(), lr=0.01)

# Laço de formação
para época em range(5):
    para entradas, etiquetas em train_loader:
        optimizador.zero_grad()
        outputs = model(inputs)
        perda = critério(outputs, rótulos)
```

```
perda.para trás()

optimizador.passo()
```

Este fragmento de código demonstra como definir uma arquitetura de rede neural simples utilizando o PyTorch, instanciar o modelo, definir uma função de perda e um optimizador e efetuar o treino utilizando um ciclo sobre o conjunto de dados.

7.4 Escolher a estrutura correcta para as suas necessidades

A escolha da estrutura de aprendizagem profunda correcta depende de vários factores, incluindo a sua familiaridade com a estrutura, a complexidade do seu projeto e os requisitos específicos da sua aplicação. O TensorFlow e o Keras são excelentes escolhas para principiantes e para quem trabalha em projectos com arquitecturas estabelecidas ou necessidades de implementação. O PyTorch é preferido por investigadores e profissionais pela sua flexibilidade e capacidades de computação gráfica dinâmica.

Em última análise, a escolha entre TensorFlow/Keras e PyTorch resume-se à preferência pessoal e às exigências específicas do seu projeto. Experimentar ambas as estruturas e compreender os seus pontos fortes e fracos ajudá-lo-á a tomar uma decisão informada que melhor se adapte às suas necessidades.

CHAPTER 8: Do treino à inferência: Implementação de modelos

A implantação de modelos de aprendizado de máquina em ambientes de produção é uma etapa crítica para transformar seus modelos em insights acionáveis. Neste capítulo, exploraremos o ciclo de vida da implantação de modelos, criando APIs REST para seus modelos usando o Flask, colocando modelos em contêineres com o Docker e monitorando e mantendo modelos implantados.

8.1 O ciclo de vida da implantação do modelo

O ciclo de vida da implantação do modelo envolve várias etapas, incluindo:

1. **Formação de modelos**: Treinar o seu modelo de aprendizagem automática em dados rotulados para aprender padrões e fazer previsões.
2. **Avaliação do modelo**: Avaliar o desempenho do modelo treinado em dados de validação para avaliar a sua exatidão e capacidade de generalização.
3. **Implementação do modelo**: Implementar o modelo treinado num ambiente de produção para fazer previsões sobre dados novos e não vistos.
4. **Inferência de modelos**: Utilizar o modelo implementado para gerar previsões ou classificações em tempo real.
5. **Monitorização e manutenção do modelo**: Monitorizar continuamente o desempenho do modelo implementado e actualizá-lo conforme necessário para manter a precisão e a fiabilidade.

8.2 Criando APIs REST para seu modelo com o Flask

O Flask é uma estrutura Web leve para Python que permite criar APIs RESTful com o mínimo de esforço. Veja como pode criar uma API simples para o seu modelo de aprendizagem automática utilizando o Flask:

```
from flask import Flask, request, jsonify

importar numpy as np


app = Flask(__name__)


@app.route('/predict', methods=['POST'])

def predict():

    dados = request.json

    características = np.array(data['features'])

    previsão = model.predict(características)

    return jsonify({'prediction': prediction.tolist()})


se __name__ == '__main__':

    app.run(debug=True)
```

Este código define um aplicativo Flask com uma única rota `/predict` que aceita solicitações POST contendo recursos de entrada, faz previsões usando o modelo e retorna as previsões como JSON.

8.3 Contentores Docker para implementação de modelos

O Docker é uma plataforma para criar, enviar e executar aplicações em contentores. Os contentores fornecem uma forma leve e portátil de empacotar e implementar software, incluindo modelos de aprendizagem automática. Veja como você pode colocar seu modelo em contêineres usando o Docker:

1. **Criar um Dockerfile**: Defina o ambiente e as dependências necessárias para executar seu modelo em um Dockerfile.

```
DE python:3.8


COPIAR requisitos.txt /app/requisitos.txt

WORKDIR /app

RUN pip install -r requirements.txt


COPY . /app


CMD ["python", "app.py"]
```

2. **Criar a imagem do Docker**: Use o Dockerfile para criar uma imagem do Docker contendo seu modelo e suas dependências.

```
docker build -t meu-modelo .
```

3. **Executar o contentor Docker**: Iniciar um contentor Docker a partir da imagem construída, expondo as portas necessárias para a comunicação.

```
docker run -p 5000:5000 meu-modelo
```

8.4 Monitorização e manutenção de modelos implementados

O acompanhamento e a manutenção dos modelos implantados são cruciais para garantir a sua eficácia e fiabilidade contínuas. Isto envolve:

- **Monitorização do desempenho**: Acompanhamento das principais métricas, como a precisão, a latência e o débito, para detetar a degradação ou anomalias do desempenho.
- **Análise de erros**: Analisar os erros de previsão para identificar padrões e melhorar o desempenho do modelo.
- **Ciclo de feedback**: Incorporar o feedback dos utilizadores ou dos dados para treinar e atualizar o modelo conforme necessário.
- **Controlo de versões**: Gerir versões de modelos e manter o registo das alterações para garantir a reprodutibilidade e a responsabilidade.

Ao implementar práticas robustas de monitorização e manutenção, pode garantir que os seus modelos implementados continuam a fornecer previsões precisas e fiáveis ao longo do tempo.

A implantação de modelos de aprendizado de máquina é um processo multifacetado que exige uma consideração cuidadosa de vários fatores, incluindo infraestrutura, escalabilidade e confiabilidade. Seguindo as práticas recomendadas e aproveitando ferramentas como Flask, Docker e estruturas de monitoramento, você pode simplificar o processo de implantação e garantir o sucesso de seus projetos de aprendizado de máquina em ambientes de produção.

CHAPTER 9: Tópicos Avançados em Otimização de Redes Neuronais

Neste capítulo, aprofundamos tópicos avançados em otimização de redes neuronais, explorando técnicas como autoencoders, redes adversárias generativas (GANs), aprendizagem por reforço e pesquisa de arquitetura neuronal (NAS).

9.1 Autoencodificadores para aprendizagem não supervisionada

Os autoencoders são um tipo de rede neural artificial utilizada em tarefas de aprendizagem não supervisionada, como a redução da dimensionalidade, a aprendizagem de características e a redução de ruído dos dados. São constituídos por uma rede codificadora que comprime os dados de entrada numa representação espacial latente e uma rede descodificadora que reconstrói a entrada a partir da representação latente. Aqui está uma implementação básica de um autoencoder usando o TensorFlow:

```
importar tensorflow as tf

from tensorflow.keras.layers import Input, Dense

from tensorflow.keras.models import Model


# Definir a forma de entrada

forma_de_entrada = (784,)

latent_dim = 64


# Definir o codificador

inputs = Input(shape=input_shape)

codificado = Dense(latent_dim, activation='relu')(inputs)
```

```
# Definir o descodificador

descodificado = Dense(784, ativação='sigmoid')(codificado)


# Definir o modelo de autoencoder

autoencoder = Model(inputs, decoded)


# Compilar o modelo

autoencoder.compile(optimizador='adam',
perda='binary_crossentropy')
```

Este trecho de código define um modelo simples de autoencoder usando a API Keras do TensorFlow, com uma única camada oculta para o codificador e o decodificador.

9.2 Redes Adversariais Generativas (GANs)

As redes adversárias generativas (GAN) são uma classe de modelos de aprendizagem profunda que consistem em duas redes neurais, um gerador e um discriminador, treinadas simultaneamente através de formação adversária. O gerador aprende a gerar amostras de dados realistas, enquanto o discriminador aprende a distinguir entre amostras reais e geradas. Aqui está uma implementação básica de um GAN usando o TensorFlow:

```
importar tensorflow as tf

from tensorflow.keras.layers import Input, Dense

from tensorflow.keras.models import Model


# Definir o gerador
```

```
entradas_gerador = Entrada(forma=(100,))

gerador_outputs = Dense(784, ativação='sigmoid')(gerador_inputs)

generator = Model(generator_inputs, generator_outputs)


# Definir o discriminador

discriminator_inputs = Input(shape=(784,))

discriminator_outputs = Dense(1,
activation='sigmoid')(discriminator_inputs)

discriminator = Model(discriminator_inputs,
discriminator_outputs)


# Compilar o discriminador

discriminator.compile(optimizador='adam',
perda='binary_crossentropy')


# Definir o modelo GAN combinado

gan_inputs = Entrada(forma=(100,))

gan_outputs = discriminator(generator(gan_inputs))

gan = Modelo(gan_inputs, gan_outputs)


# Compilar o modelo GAN

gan.compile(optimizador='adam', perda='binary_crossentropy')
```

Este código define uma arquitetura básica de GAN com redes geradoras e discriminadoras separadas, compiladas e treinadas simultaneamente.

9.3 Noções básicas de aprendizagem por reforço

A aprendizagem por reforço é um tipo de aprendizagem automática em que um agente aprende a tomar decisões interagindo com um ambiente e recebendo feedback sob a forma de recompensas ou penalizações. É normalmente utilizado em tarefas como jogos, robótica e controlo autónomo de veículos. Aqui está uma implementação simples de um algoritmo de aprendizagem por reforço usando o TensorFlow:

```
importar tensorflow as tf

from tensorflow.keras.layers import Dense

de tensorflow.keras.optimizers import Adam


# Definir o modelo da rede neural

modelo = tf.keras.Sequential([

    Dense(128, activation='relu', input_shape=(4,)),

    Densa(64, ativação='relu'),

    Densa(2, ativação='linear')

])


# Compilar o modelo com o optimizador Adam e a perda de erro
quadrático médio

model.compile(optimizador=Adam(), perda='mse')
```

Este código define um modelo de rede neural para uma tarefa de aprendizagem por reforço com um espaço de ação contínuo e compila-o com o optimizador Adam e a perda de erro quadrático médio.

9.4 Pesquisa de Arquitetura Neural (NAS)

A pesquisa de arquitetura neural (NAS) é uma técnica utilizada para descobrir automaticamente a arquitetura de rede neural ideal para uma determinada tarefa. Normalmente, envolve a utilização de aprendizagem por reforço, algoritmos evolutivos ou métodos de otimização baseados em gradientes para pesquisar um grande espaço de possíveis arquitecturas. Aqui está uma visão geral de alto nível de como o NAS funciona:

1. **Definição do espaço de pesquisa**: Definir um espaço de pesquisa de possíveis arquitecturas de redes neuronais, incluindo vários tipos de camadas, as suas configurações e ligações.
2. **Seleção do método de pesquisa**: Escolha um método de pesquisa, como a aprendizagem por reforço, os algoritmos genéticos ou a otimização bayesiana, para explorar o espaço de pesquisa e encontrar arquitecturas promissoras.
3. **Avaliação**: Treinar e avaliar cada arquitetura num conjunto de validação utilizando uma métrica de desempenho predefinida.
4. **Atualização**: Atualizar o método de pesquisa com base nos resultados da avaliação para orientar a pesquisa para arquitecturas mais promissoras.
5. **Seleção final do modelo**: Selecionar a arquitetura com melhor desempenho encontrada durante o processo de pesquisa e treiná-la no conjunto de dados completo para implementação.

A pesquisa de arquitecturas neurais é um processo computacionalmente intensivo, mas tem o potencial de descobrir arquitecturas de redes neurais altamente optimizadas que superam as arquitecturas concebidas manualmente.

Neste capítulo, exploramos tópicos avançados em otimização de redes neurais, incluindo autoencoders, redes adversárias generativas (GANs), aprendizagem por reforço e pesquisa de arquitetura neural (NAS). Essas técnicas ultrapassam os limites do que é possível fazer com redes neurais e abrem oportunidades interessantes de inovação em aprendizado de máquina e inteligência artificial.

Apêndices

A: Python para a ciência dos dados - Uma atualização rápida

Python é uma poderosa linguagem de programação amplamente utilizada em ciência de dados e aprendizagem automática devido à sua simplicidade, flexibilidade e extensas bibliotecas. Neste apêndice, apresentamos uma rápida atualização dos conceitos essenciais de Python relevantes para a ciência dos dados:

- **Variáveis e tipos de dados**: Python suporta vários tipos de dados, incluindo inteiros, flutuantes, cadeias de caracteres, listas, tuplas, dicionários e conjuntos. As variáveis são utilizadas para armazenar valores de dados.
- **Fluxo de controlo**: As instruções de fluxo de controlo como if-else, for loops e while loops são utilizadas para controlar a execução de código com base em condições e iterar sobre dados.
- **Funções e módulos**: As funções são blocos de código reutilizável que executam tarefas específicas, enquanto os módulos são ficheiros que contêm código Python que pode ser importado e utilizado noutros programas.
- **NumPy**: O NumPy é um pacote fundamental para a computação científica em Python. Fornece suporte para matrizes multidimensionais, funções matemáticas, operações de álgebra linear e geração de números aleatórios.
- **Pandas**: Pandas é uma biblioteca poderosa para manipulação e análise de dados em Python. Oferece estruturas de dados como DataFrame e Series, bem como funções para ler e escrever dados de vários formatos de ficheiros, limpeza de dados, filtragem, agrupamento e visualização.
- **Matplotlib e Seaborn**: Matplotlib e Seaborn são bibliotecas populares para visualização de dados em Python. Elas fornecem uma ampla gama de funções de plotagem para criar gráficos, histogramas, gráficos de dispersão e muito mais.

B: Fundamentos matemáticos das redes neuronais

Compreender os princípios matemáticos subjacentes às redes neurais é essencial para criar e otimizar modelos eficazes. Este apêndice aborda os principais conceitos matemáticos usados em redes neurais, incluindo:

- **Álgebra Linear**: Conceitos como vectores, matrizes, multiplicação de matrizes e produtos escalares são fundamentais para compreender como as redes neuronais processam e transformam os dados.
- **Cálculo**: Os conceitos de cálculo, como derivadas e gradientes, desempenham um papel crucial no treino de redes neuronais através de algoritmos de otimização, como a descida de gradiente.
- **Probabilidade e estatística**: A teoria da probabilidade e a estatística são utilizadas em vários aspectos da aprendizagem automática, incluindo distribuições de probabilidade, testes de hipóteses e avaliação de modelos.
- **Otimização**: Os algoritmos de otimização, como a descida do gradiente e as suas variantes, são utilizados para minimizar a função de perda durante a formação das redes neuronais.

C: Recursos para aprendizagem adicional

Este apêndice apresenta uma lista de recursos para aprofundar a aprendizagem no domínio da ciência dos dados e da aprendizagem automática. Inclui:

- **Livros**: Livros recomendados que abrangem vários aspectos da ciência dos dados, da aprendizagem automática e da aprendizagem profunda.
- **Cursos em linha**: Cursos e tutoriais em linha de elevada qualidade oferecidos por plataformas e universidades de renome.

- **Blogues e sítios Web**: blogues, fóruns e sítios Web onde pode encontrar artigos, tutoriais e debates sobre tópicos de ciência de dados e aprendizagem automática.
- **Fóruns da comunidade**: Comunidades e fóruns online onde pode colocar questões, partilhar conhecimentos e colaborar com outros entusiastas e profissionais da ciência dos dados.
- **Documentos de investigação**: Artigos de investigação e publicações importantes no domínio da aprendizagem automática e da inteligência artificial.

Ao explorar estes recursos, pode aprofundar a sua compreensão dos conceitos de ciência de dados e de aprendizagem automática, manter-se atualizado sobre os últimos desenvolvimentos e desenvolver as suas competências enquanto cientista de dados ou praticante de aprendizagem automática.

Referências

1. Goodfellow, I., Bengio, Y., & Courville, A. (2016). Aprendizagem profunda. MIT Press.
2. Raschka, S., & Mirjalili, V. (2019). Aprendizado de máquina Python: Aprendizado de máquina e aprendizado profundo com Python, scikit-learn e TensorFlow 2. Packt Publishing.
3. Chollet, F. (2017). Aprendizagem profunda com Python. Publicações Manning.
4. Aprendizagem automática prática com Scikit-Learn, Keras e TensorFlow: conceitos, ferramentas e técnicas para criar sistemas inteligentes, 2ª edição por Aurélien Géron
5. Bishop, C. M. (2006). Reconhecimento de padrões e aprendizagem automática. Springer.
6. Sutton, R. S., & Barto, A. G. (2018). Aprendizagem por reforço: Uma introdução. MIT Press.
7. Murphy, K. P. (2012). Machine Learning: Uma Perspetiva Probabilística. MIT Press.
8. Hastie, T., Tibshirani, R., & Friedman, J. (2009). The Elements of Statistical Learning (Os elementos da aprendizagem estatística): Data Mining, Inference, and Prediction. Springer.
9. Nielsen, M. (2015). Redes neurais e aprendizagem profunda: A Textbook. Determination Press.
10. Aprendizagem profunda para processamento de linguagem natural por Palash Goyal, Sumit Pandey, Karan Jain e Karthik Ranganathan
11. "Word2Vec." Mikolov, T., Chen, K., Corrado, G., & Dean, J. (2013). arXiv preprint arXiv:1301.3781.
12. "Atenção é tudo o que precisas." Vaswani, A., Shazeer, N., Parmar, N., Uszkoreit, J., Jones, L., Gomez, A. N., ... & Polosukhin, I. (2017). Avanços nos sistemas de processamento de informações neurais, 30.
13. "BERT: Pré-treinamento de transformadores bidirecionais profundos para compreensão da linguagem." Devlin, J.,

Chang, M. W., Lee, K., & Toutanova, K. (2018). arXiv preprint arXiv: 1810.04805.

14."Redes Adversárias Generativas". Goodfellow, I., Pouget-Abadie, J., Mirza, M., Xu, B., Warde-Farley, D., Ozair, S., ... & Bengio, Y. (2014). Avanços nos sistemas de processamento de informações neurais, 27.

15."Aprendizagem residual profunda para reconhecimento de imagens". He, K., Zhang, X., Ren, S., & Sun, J. (2016). Anais da conferência IEEE sobre visão computacional e reconhecimento de padrões.

yes

I want morebooks!

Buy your books fast and straightforward online - at one of world's fastest growing online book stores! Environmentally sound due to Print-on-Demand technologies.

Buy your books online at
www.morebooks.shop

Compre os seus livros mais rápido e diretamente na internet, em uma das livrarias on-line com o maior crescimento no mundo! Produção que protege o meio ambiente através das tecnologias de impressão sob demanda.

Compre os seus livros on-line em
www.morebooks.shop

info@omniscriptum.com
www.omniscriptum.com

Printed by Books on Demand GmbH, Norderstedt / Germany